sobinfluenciaediç
editora**funila
revistar

MCKENZIE WARK

Uma conversa sobre tecnologia como gênero e outras fenomenologias encarnadas

APRESENTAÇÃO
Tom Nóbrega

Uma entrevista é um texto que evidencia seu caráter situado: uma conversa que se sabe gravada, que será editada, transcrita, revisada, relida, mas que ainda assim surge de modo menos controlado do que uma reflexão elaborada por escrito. Era janeiro de 2022 quando eu, Luiza Crosman e Nicolas Llano gravamos esta entrevista por *Zoom* com McKenzie Wark, cada um em uma janela de videoconferência, formato que havia se tornado quase onipresente nos anos anteriores, marcados pela experiência da pandemia de Covid 19. Nós, que até então nos conhecíamos, já estávamos há alguns meses, a convite da editora Marcela Vieira, preparando nossas perguntas à distância, entre conversas online e trocas de e-mails – algo que parecia apropriado, já que McKenzie, autora do *Um Manifesto Hacker* (Funilaria e sobinfluencia, 2023), é professora de Cultura e Mídia na The New School, em Nova York, e sabe que toda conversa ecoa através de diversas camadas de mediação. Era 2022, o último ano do governo Bolsonaro, o segundo ano do governo Biden, e as eleições presidenciais brasileiras ainda estavam meses adiante. Tudo parecia bastante desorientador nesse momento pós-pandêmico, em que nós, governados pelo fascismo à brasileira, não sabíamos ao certo em que pé estávamos, mas tudo o que havíamos vivenciado nos últimos anos fazia crer que aquilo talvez já não fosse mais capitalismo, mas sim *algo pior*.

McKenzie Wark, embora há décadas assine seus trabalhos "*consistentemente como McKenzie Wark*", assim como Kathy Acker, não acredita de forma alguma em identidade. Embora diversos comentadores sugiram que a escritora tenha se aproximado da autoficção em seus textos mais recentes, a própria autora prefere jogar com os gêneros de modo um tanto mais complexo: em *Reverse Cowgirl*, ela propõe o conceito de autoetnografia. Em uma de suas obras mais recentes, *Love and money, sex and death*, Wark escreve cartas para a criança que foi, e ainda para sua mãe, sua irmã, e para aquelas que chama de suas irmãs trans, refletindo sobre o modo como a transição de gênero instaura uma temporalidade complexa, que modifica não apenas o presente, mas também o passado, instaurando descontinuidades e quebras que não podem ser absorvidas por uma identidade única. Enquanto preparávamos essa conversa, chamava a atenção o escopo vasto de temas que poderíamos abordar com ela: Nicolas, que havia acabado de ler *General intellect* e *Sensoria*, parecia se interessar especialmente pela maneira como McKenzie pensava a convergência entre teoria e literatura, Luiza, que propôs uma parceria com a *Weird Economies*, levantou uma série de discussões a respeito das novas mídias e plataformas, e do modo como se situam em meio às novas relações de classe que Wark aponta em *O capital está morto* (Funilaria e sobinfluencia, 2022): a tensão entre uma nova classe dominante, a classe vetorialista, e a classe hacker. Quanto a mim, acabava de devorar *Philosophy for spiders*, livro que eu ainda não sabia que ia traduzir,[1] e tinha vontade de escutá-la falar a respeito da relação entre corpo e tecnologia,

---

[1] Dois anos após esta entrevista, Tom Nóbrega traduziu *Filosofia para aranhas*, livro que está no prelo e deve ser lançado em agosto de 2024 em co-edição pela Revista Rosa e a editora N-1.

além de estar fascinado pelo modo como seu livro sobre Kathy Acker evocava uma série de Ackers díspares, desmontando noções de autoria.

No momento em que retorno a essa entrevista, embora o contexto geopolítico tenha se transformado bastante, uma das primeiras perguntas que fizemos a McKenzie segue bastante urgente mundo afora: parece que ainda não descobrimos como escapar à narrativa fascista, que segue rondando de muito perto. Embora o pensamento de Wark não nos ofereça nenhuma análise alentadora do momento em que estamos, ela nos convida a desafiar binarismos que engessam possibilidades, como a clivagem entre teoria e prática, fato e ficção, natureza e técnica. McKenzie nos convida a fazer uma *baixa teoria*, ancorada em *fenomenologias encarnadas*: fenomenologias que encarnam nos modos de produção, no texto, no corpo. Embora o marxismo esteja na base do pensamento da autora australiana, ela se recusa a tratá-lo de forma reverente, a reportar-se a seus conceitos como a uma teologia sagrada. Para Wark, aquilo que o marxismo pode nos oferecer de mais relevante não são conceitos abstratos aplicáveis aos mais diversos casos com elasticidade dialética, mas sim um ponto de partida para analisar as tensões e contradições que se fazem presentes nos modos de produção atuais. Escrever a partir das dinâmicas do nosso tempo, mais do que jogar com conceitos, é adentrar a tessitura do texto, fazer coisas com a linguagem: talvez seja preciso criar novos nomes e trair os antigos, atentando para os acordos tácitos por detrás do estilo, desconfiando da repartição entre teoria e literatura.

McKenzie lembra que escrever e pensar são, afinal, práticas ancoradas no corpo: corpo que, como a experiência trans ressalta, não é algo dado, não é meramente um ponto de partida para o discurso. O corpo é, ele mesmo, algo que se modifica e se constrói a partir de outras práticas – práticas estas que estão sempre mediadas por alguma espécie de técnica. A tecnologia não é algo que se inventa, é algo que *nos* inventa: "a ferramenta nos antecede", afirma McKenzie, em determinado momento desta conversa. Como veremos, porém, a relação com a técnica está longe de ser desprovida de armadilhas: nestes tempos em que a produção de valor se encontra ancorada em assimetrias de informação, as mídias digitais tornaram possível a "mercantilização do não trabalho", criando ferramentas para quantificar nossa atenção. "A informação não é escassa. Mas a atenção é." Daí por que a narrativa fascista e as mídias digitais parecem se retroalimentar: encorajar um estado de alerta de que o espaço de alguém está constantemente a ponto de ser invadido é uma estratégia que retém a atenção de modo especialmente eficaz.

Para nós, um dos momentos mais instigantes desta conversa foi certamente quando McKenzie nos contou a respeito do livro que estava escrevendo, *Raving*, que ainda não sabíamos da existência, e que só um ano depois seria publicado pela *Duke University Press*. McKenzie nos contou como, durante o longo período de sua transição em que não conseguia escrever, sair para dançar tornou-se uma prática vital. A *rave* surge na conversa como o exemplo de um espaço em que é possível se mover "para além da extração constante de informação do não trabalho", um exemplo de espaço improdutivo em que modos de atenção mais imersivos se tornam possíveis. A autora ressalta como, para preservar espaços imersivos em que é possível explorar "formas de relação, formas de sensibilidade", é preciso tomar cuidado com o excesso de visibilidade, que rapidamente torna as coisas monetizáveis: daí porque, durante a escrita do livro, McKenzie opta por não nomear pessoas e lugares.

Esperamos que essa conversa instigue quem nos lê a "divagar mais, divulgar menos", como nos diz Linn da Quebrada em um dos primeiros versos de sua canção "I míssil".

TECNOLOGIA COMO GÊNERO E OUTRAS FENOMENOLOGIAS ENCARNADAS[2]

Tom Nóbrega, Luiza Crosman e Nicolás Llano
conversam com McKenzie Wark

[2] Esta entrevista em duas partes foi gravada com a escritora McKenzie Wark no dia 28 de janeiro de 2022, numa colaboração entre a *Revista Rosa* e a plataforma online *Weird Economies*. A transcrição foi editada para maior clareza.

PARTE I: FATUAR, FICCIONAR E OUTRAR-SE: TECNOLOGIAS DE INCORPORAÇÃO

Revista Rosa e *Weird Economies* — Em *O capital está morto* (Funilaria e sobinfluencia, 2022) você aborda a teoria como uma forma de literatura e enfatiza que o ato de criar uma nova linguagem pode ser vital para nos tornarmos capazes de perceber e de analisar plenamente o momento em que nos encontramos. Te propomos então uma pergunta que se desdobra em duas: estamos lendo teoria de forma errada esse tempo todo? De que modo devemos ler a teoria?

McKenzie Wark — Olha, a gente deveria ler a teoria da mesma maneira como lemos qualquer outra coisa: de várias maneiras diferentes ao mesmo tempo. Uma dessas camadas de leitura precisa ser estética. Outra camada precisa entender a teoria como um tipo de intervenção que incide sobre o campo da linguagem propriamente dito. Então, ao invés de pensar que a gente pode pular a dimensão estética e ir direto ao conceito — existe uma espécie de idealismo nessa tendência a pensar que a teoria versa apenas sobre conceitos, e eu mesma posso incorrer nesse erro às vezes — devemos também prestar atenção à materialidade da linguagem. Não acho que seja por acidente que a maioria das obras de teoria que se tornam de alguma forma canônicas tendam a fazer coisas interessantes com a linguagem. E aqui talvez a teoria às vezes se diferencie um pouco da filosofia, onde isso [a experimentação de linguagem] parece ser opcional. Talvez a filosofia tenha outros objetivos e responda a demandas diferentes. Mas eu acho que a teoria precisa sempre procurar maneiras de pressionar a linguagem que recebemos, já que a linguagem que recebemos é sempre repleta de ideias prontas. Parece ser necessário transformar um pouco a linguagem para que a gente possa ser capaz de pensar de forma diferente.

R.R. e W.E. — Uma das questões mais urgentes do momento, especialmente no Brasil, é como lidar com o excesso de notícias falsas veiculadas através do Facebook, do WhatsApp, do Telegram e de outras plataformas, já que as fake news foram fundamentais para que o fascismo e o discurso da extrema direita ganhassem impulso e poder político. Em uma palestra muito interessante que você deu para a Bienal de Riga, você tenta superar a distinção habitual que se faz entre ficção e fato, transformando-os em verbos — práticas de *ficcionar* [*ficting*] e de *fatuar* [*facting*] — que você entende como vitais e propõe algo muito interessante: a ideia é de que ao invés de contrapor fato e ficção, colocando a ciência em uma posição idealizada e correndo o risco de cair em ideias problemáticas a respeito da noção de verdade, deveríamos abrir um espaço para práticas de ficcionar e fatuar, que proponham formas mais complexas de entrelaçar ficções e fatos. O problema, portanto, não seria tanto como contrapor notícias falsas com notícias reais, mas como escapar de uma ficção ruim. E pode-se dizer facilmente que o Brasil de Bolsonaro é realmente uma péssima ficção, a pior piada dos úl-

timos tempos. Portanto, já que, retomando algo que você formulou em *Philosophy for Spiders*, "temos todos os motivos para suspeitar que a imaginação foi colonizada pelo pai da mesmice controladora", a pergunta é: que ficções poderíamos criar para desmontar a narrativa fascista?

M. W. — Bem, tem muita coisa aí. Não acho que existam respostas fáceis para nada disso. O que acontece com a mídia com a qual estamos lidando agora é que ela nunca foi projetada para a sociedade civil. Ela foi projetada para extrair valor. Na era do rádio e da televisão isso também acontecia, mas sua história é um pouco mais complicada. Talvez dê para traçar muitas reflexões sobre o papel que esses veículos desempenharam na construção das nações, por exemplo.

Mas quando passamos para o próximo capítulo da evolução da mídia, é como se ninguém realmente pensasse mais sobre isso [a sociedade civil]. Ou talvez essas preocupações tenham sido postas de lado. E a partir daí temos plataformas que realmente são criadas basicamente para extrair de nós um *surplus* de informação, nada mais.

O conteúdo não importa. O que se percebe é que certos tipos de mídia que capturam nossa atenção girando em torno de emoções como o medo, o pânico e a raiva funcionam extremamente bem. Essas são emoções que você pode conectar muito facilmente a uma espécie de "romance fascista". De certa forma, viver dentro do fascismo é como viver dentro de um romance gigante. Isso é meio excitante, porque há sempre algo perigoso que precisa ser atacado.

Somos colocados diante de uma série de ameaças que aparecem o tempo todo. E, é claro, vai haver heróis e vilões. É algo como uma ficção em série: a cada vez é um novo personagem que se torna uma ameaça. O que se espera de nós é que nos agrupemos em torno do herói fascista da história. O tipo de atenção que gira em torno do aparecimento recorrente de ameaças é bastante estimulante e, por isso, muitas dessas estratégias estão sendo empregadas agora de forma bastante intencional.

A pergunta colocada pela teoria é: como sair desse romance gigante? Ou, caso isso não seja possível, como criar um romance de um gênero mais interessante?

Podemos pensar um pouco contraintuitivamente: talvez o problema com notícias falsas não esteja apenas no nível dos fatos. A questão é que por vezes os fatos não estão completamente errados quando se trata de notícias falsas. O ponto é que as notícias falsas são enviesadas, ressaltam alguns elementos em detrimento de outros. Cabe ainda lembrar que muitas vezes a mídia burguesa liberal que supostamente seria melhor também está repleta de fatos questionáveis. Não é como se você pudesse reivindicar um mandato legal para estar completamente do lado dos anjos nessa coisa toda. Vale a pena prestar atenção a esta pergunta: será que poderíamos estar dentro de um romance diferente? Será que pode haver formas diferentes de *ficcionar*? E isso pode ser desafiador em um momento em que é difícil sustentar que pode haver mesmo futuros diante de nós, não importa de que tipo forem.

E é assim que a ideia do retorno ao passado, que é outro elemento da estrutura narrativa do fascismo, consegue seu apelo, torna-se algo desejável. É algo como: "oh, isso aqui está horrível. Mas olha, esses caras nos prometeram voltar a algo que era melhor, a única coisa que precisamos fazer é exterminar outras raças e outros gêneros e toda essa história de alteridade. Vamos voltar a, sei lá, alguma espécie de Nirvana". Então, sim, como criar ficções melhores? Eu não sou artista. Não sei como fazer isso, mas isso parece ser parte do desafio.

R.R. e W.E. — É interessante a maneira como você se refere à possibilidade de uma ficção que esteja intimamente relacionada à ideia de futuro, ao invés de evocar um retorno ligado a alguma espécie de nostalgia. Agora vamos partir de alguns elementos que estamos discutindo de forma mais geral e tentar conectá-los a uma dimensão mais pessoal, ligada a noções de identidade. No livro que você escreveu sobre a Kathy Acker, *Philosophy for Spiders*, ao invés de se referir a uma única autora, você se refere a uma teia de Ackers múltiplas, divergentes. Nessa teia, o ato de outrar-se [*selfing*] aparece como outra prática vital ligada à ideia de ficção. Você poderia descrever algumas das estratégias que alguém poderia empregar para outrar-se, seja como escritores ou como artistas, em meio a um contexto em que a internet e a mídia, como estamos vendo agora, estão tão conectadas a noções de identidade? Em que nossos perfis em diferentes plataformas se articulam constantemente, conectando contas de e-mail, cartões de crédito, números de telefone, plataformas de entretenimento, redes sociais, etc.?

M. W. — Um escritor que me é muito querido, e que eu só posso ler através de traduções, é o Fernando Pessoa. O *Livro do desassossego (Todavia, 2023)* exerceu uma influência extremamente forte sobre mim. E essa influência está ligada à história dos heterônimos de Pessoa. Sua poesia eu não conheço tão bem, mas me conecto com essa ideia de construir várias *personas*, bastante completas, cada qual com seu ponto de vista estético autossuficiente. Me parece que o *Livro do desassossego*, ainda que seja a princípio um livro de Bernardo Soares, envolve vários heterônimos diferentes, segundo alguns estudiosos. Eu não sou uma estudiosa de Pessoa, talvez outras pessoas soubessem falar sobre isso melhor do que eu. De qualquer forma, para além do fato de eu amar sua escrita em prosa, fiquei impactada com essa ideia: "o que acontece se você deixar completamente de lado a impressão de que a subjetividade do escritor deve se circunscrever a algum tipo de arco coerente?"

Para alguns escritores a ideia de um arco subjetivo coerente pode ser mais interessante do que para outros, mas certamente Kathy Acker não estava muito interessada nessa coerência. Ela permite que situações, experiências, sensações e a formação de conceitos arrastem a subjetividade para diferentes órbitas. Não se trata de heterônimos, como no caso de Pessoa, nem de esquizofrenia no sentido deleuziano: as *personas* de Acker variam, ao invés de se diferenciar radicalmente umas das outras. Pensar que, um pouco como Pessoa, Kathy Acker criava diferentes versões do "eu" que por vezes poderiam se conectar, me ajudou muito enquanto estava escrevendo sobre seu trabalho.

E aí o que notamos é que ela por vezes muda [de *persona*] no meio de uma frase, no meio de um texto. Dá para dizer que ela como que evolui para além de Pessoa, que criou identidades separadas que escreviam separadamente. Aqui [na obra de Acker] você está no meio de uma frase, e de repente: "oh, espera aí!". Não apenas a prosa se tornou outra coisa, mas a autora talvez tenha se tornado outra pessoa, e você se dá conta disso perfeitamente enquanto está lendo. Esse me pareceu um conjunto interessante de experimentos, que abre muitas questões. Porque eu e Kathy somos da mesma era. Não acreditávamos em identidade de forma alguma. Como a identidade é criada? Até que ponto ela é uma construção? Essas questões nos parecem mais interessantes do que tomar a subjetividade como pressuposto e escrever a partir desse ponto de vista.

R.R. e W.E. — Pode ser interessante pensar essas questões não apenas em relação ao escritor, mas também ao artista, porque a figura do artista costuma ser muito associada a ideias como estilo e identidade. Estilo e identidade permitem ao/à artista ser reconhecido(a) constantemente, não apenas contribuindo para que esse(a) artista demonstre ter a produção coerente que se espera dele ou dela, uma produção que estaria supostamente evoluindo, mas especialmente para atender a demandas de mercado. Afinal, o valor da obra também está relacionado à identidade do autor. Talvez essa proposta de ser capaz de mover a identidade como um espaço lúdico nos traga alternativas para podermos não

apenas manejar identidades diferentes, mas também investigar questões poéticas, teóricas e infraestruturais a partir de diferentes perspectivas, com diferentes nuances. É uma forma muito útil de pensar a identidade com um olhar inventivo.

M. W. — Sim. É preciso dizer que Kathy Acker era muito boa no que hoje chamamos de *self branding*. Ela tinha um modo de se apresentar, uma aparência consistente. E isso também tinha a ver com o fato dela ter que trabalhar sendo uma mulher que, em seus próprios termos: "Eu não sou convencionalmente bonita. Portanto, tenho que ser interessante". Era o que ela dizia sobre si mesma. Então, ainda que no texto ela jogasse com a subjetividade de modo muito livre, tinha que apresentar essa imagem coerente, porque, sejamos realistas, artistas trabalham em um mercado, e esse mercado funciona de uma maneira muito específica.

Existe também uma artista chamada Lynn Hershman, de cujo trabalho eu realmente gosto. Dos trabalhos dela, que são todos ótimos, o que é realmente impressionante é um dos que ela criou nos anos 1970 — período em que realizou a maior parte das coisas para as quais eu acabo constantemente voltando —, ela criou toda uma outra *persona* chamada Roberta Breitmore, que usava sempre um certo tipo de vestido e um certo tipo de peruca. Ela tem toda uma documentação sob o nome de Roberta.

Foi em encontros românticos como Roberta e alguém a fotografou em lugares públicos com esses homens que conheceu nas últimas páginas de um jornal. Não se vê o rosto deles. Existe uma ética envolvida. Ela conseguiu um emprego com essa *persona* falsa. É um trabalho extraordinário dos anos 1970. E que, claro, agora está conectado a Lynn Hershman Leeson. Depois de um tempo, ela se cansou de fazer isso e passou a incentivar outras pessoas a se tornarem Roberta. Então, surge algo como uma ideia de subjetividade distribuída, que mais tarde encontrou ecos no uso de nomes coletivos como Luther Blisset. Sempre me interessei por esse tipo de experimento, embora nunca tenha feito algo assim. Meu trabalho tem sido consistentemente como McKenzie Wark, há 35 anos: só uso meu nome do meio e meu sobrenome. Mas estou interessada em pessoas que trabalharam para abrir esse espaço.

R.R. e W.E. — Nessa pergunta, vamos propor uma interação entre dois livros que você escreveu em momentos diferentes: *Molecular Red* e *Philosophy for Spiders*, pensando no que pode vir a ser uma noção de corporeidade para além da identidade. Alexander Bogdanov, cujas noções como a de *prolekult* você discute em profundidade em *Molecular Red,* fez experimentos com transfusão de sangue em seu próprio corpo, tratando o sangue como um fluido a ser compartilhado. Em *Philosophy for Spiders*, você fala sobre a maneira como Kathy Acker empregou a musculação e a masturbação como técnicas complementares à escrita. E poderíamos pensar ainda na experiência transgênero, ou transexual, como um experimento coletivo, um *detournement* acontecendo em nosso próprio corpo. Você poderia falar um pouco sobre a noção de corporeidade como um espaço para práticas que ao mesmo

tempo ativam e deslocam a teoria, um espaço de experimentação que vai além do indivíduo?

M. W. — Uau. Isso é ótimo. Eu realmente não tinha pensado nessas coisas juntas, na verdade, mas sim. Sobre os experimentos de transfusão de sangue de Bogdanov, temos que ser claros e dizer que eles não funcionaram. Não se tratava de boa ciência. Não havia controles para esses experimentos. Mas acho que o banco de sangue da União Soviética se chamou Instituto Bogdanov por algum tempo, embora os stalinistas o considerassem uma espécie de *persona non grata* nessa época. Estou interessada em fenomenologias dos corpos, técnicas e situações que sejam compartilhadas, e talvez exista aí um mesmo fio que se conecta também com os trabalhos [que desenvolvi] sobre os situacionistas e suas "situações construídas". Bogdanov, e também Andrei Platonov, de um modo muito diferente, criaram trabalhos a respeito de experiências de encarnação no corpo em tempos urgentes e sombrios. E também Acker, em circunstâncias muito mais privilegiadas, estava trabalhando sobre a linguagem do corpo, descobrindo como deixar o próprio corpo falar. Para ela algo emerge a partir do ato repetido de levantar um peso: em certo sentido, através das repetições, o corpo passa a falar à sua própria maneira.

E existe ainda o trabalho que estou fazendo atualmente sobre as *raves*, que são também situações construídas, mas que me permitem me embrenhar, sobretudo, em fenomenologias da dissociação. Estou interessada nos estados dissociativos que as *raves* permitem, já que são estados que as pessoas trans tendem a vivenciar com frequência. A dissociação, em sentido clínico, costuma ser entendida como algo debilitante, mas talvez exista algo como uma arte da dissociação, algo que pode ser entendido como uma habilidade. Como entender a dissociação não apenas como uma deficiência [disability], mas como uma habilidade [ability]? É como se não pudéssemos estar aqui, como se não habitássemos nem essa subjetividade, nem esse mundo. Às vezes é a disforia de gênero que nos empurra nessa direção. Mas talvez tudo isso possa ser visto também como uma habilidade. Na verdade, acho que foi assim que consegui escrever esses livros: [era uma forma de compensação, já que] a dissociação me afetou de forma tão intensa, e por tanto tempo. E eu não sabia por quê. Quando eu fiz minha transição, por um tempo parei de escrever. Eu simplesmente não precisava mais fazer isso. E agora acho que estou de volta, com o livro sobre *raves*. Então, sim, acho que, por conta do meu desinteresse pela psicanálise, que me parece ter pressupostos demais, me interesso por fenomenologias experimentais em que o corpo encarna de maneira coletiva. Subjetividade e identidade me interessam menos do que os estados que se incorporam na carne.

R.R. e W.E. — Em uma entrevista, você disse que se interessa pela palavra "transexual" mais do que pela palavra "transgênero", ressaltando que a experiência com gênero pode estar relacionada à experiência com a sexualidade. Faz pensar que a transição é algo que pode acontecer no encontro de

corpos, e não apenas em uma jornada em que você sai à procura do seu ser essencial ou algo assim.

M. W. — Sim. É preciso tomar cuidado com a tradução. Porque de alguma maneira o termo "transgênero" em inglês não é equivalente aos modos como você poderia usar um termo semelhante em outro lugar. Estas coisas se passam de forma diferente em diferentes culturas. Portanto, eu gostaria de estar um pouco atenta a isso. Só posso falar a respeito do contexto anglófono. O termo "transgênero" se tornou uma espécie de categoria de identidade liberal quase aceitável, mas essa palavra tende a minimizar a experiência transexual das modificações corporais. E talvez tanto "transgênero" quanto "transexual" possam envolver uma série de ideias respeitáveis sobre modos de existir, ideias que talvez tenham se tornado respeitáveis demais. Quero ter o cuidado de esclarecer que não é necessário pensar a experiência trans através da sexualidade, mas por algum tempo é como se não nos fosse permitido pensar dessa maneira de forma alguma. Para mim, houve uma possibilidade de pensar a respeito da experiência trans e de sua descoberta a partir da sexualidade. Acho que precisamos colocar isso em cima da mesa, mas não insistir demais.

Além disso, em inglês, a palavra "transexual" simplesmente soa melhor, é uma palavra ótima. Há um pequeno movimento em curso procurando recuperá-la, mas é muito importante não policiar os limites dessa palavra. Você pode perfeitamente não se medicalizar e se colocar como transexual. Eu ficaria totalmente feliz com isso. Para pessoas minoritárias, policiar a identidade alheia parece não ser uma coisa nem um pouco divertida de se fazer, já que todos os outros fazem isso conosco. Não sei como isso se dá na língua de vocês, mas sei que em espanhol há um movimento de resgate da palavra "travesti", que talvez não se encaixe em nenhum desses termos em inglês. Para pessoas minoritárias, quando se trata de linguagem, é sempre necessário fazer uso de quaisquer táticas que estejam disponíveis ao redor para criar sentidos para nós mesmos e para nossos amigos, passando por dentro e indo de encontro à cultura dominante.

R.R. e W.E. — Sim, a palavra "travesti" existe em português também, é uma palavra poderosa que também segue muito viva por aqui. Em uma conversa recente com Orlando Betencourt, você disse que talvez não exista nada que não seja tecnológico ou técnico, já que os conceitos em torno da ideia do humano podem ter surgido através do encontro entre o trabalho e a ferramenta. E nesse sentido, poderíamos dizer que sempre fomos ciborgues. Você estava questionando esta ideia recorrente de que tudo seria cultural, e propondo uma atenção ao encontro entre ação, corpo, ferramenta e técnica. Em *Philosophy for Spiders*, no momento em que você discorre sobre a relação de Acker com as motos, você comenta que "talvez o conceito de tecnologia represente ainda outro gênero, outro erotismo". Você poderia desenvolver mais esta ideia? Quais são as formas de erotismo envolvidas no encontro entre o corpo e os artefatos? Como a tecnologia se molda e é moldada pelo desejo?

M. W. — Há algumas coisas diferentes em jogo aí. Talvez a técnica seja anterior à humanidade. Existe, provavelmente, uma versão arqueológica desse argumento que não estou qualificada a desenvolver, porque obviamente não sou arqueóloga, mas, de acordo com meu entendimento leigo, já havia hominídeos fazendo uso de ferramentas antes que surgisse o *homo sapiens*. A ferramenta parece literalmente nos anteceder. Até onde posso entender, a mão e a ferramenta evoluíram juntas. Há indícios tanto de ferramentas feitas de pedra quanto de ferramentas que se desintegraram, e que, portanto, não permanecem nos registros arqueológicos: parece que as pessoas podiam tecer e fazer cestas antes que fôssemos humanos modernos. Nossos ancestrais antes do *homo sapiens* podiam fazer tudo isso. A técnica não é algo secundário, que chega mais tarde na história do ser humano. Você poderia levar esse argumento ainda mais longe: talvez todas as espécies tenham suas próprias tecnologias.

E se você pensasse que as tecnologias podem ser integradas ao próprio corpo? E se pensássemos nos dentes como uma forma de tecnologia, ao invés de pensar apenas nos dentes falsos ou na faca como artefatos tecnológicos? Acho que temos que deixar de pensar na tecnologia como *o outro*, como algo que nos é alheio para de algum modo abraçá-la; abraçá-la e permanecer perto dela. E tudo isso levanta questões ligadas a gênero e erotismo em torno da tecnologia. E, se as tecnologias são assim tão íntimas ao que é humano, me parece interessante perguntar: qual poderia ser o seu gênero? E se a tecnologia fosse um gênero extra? Eu ia dizer terceiro gênero, mas talvez já existam mais de dois gêneros humanos. Eu não sei. Será que precisa haver um número?

Parece que a maioria das pessoas se reconhece em um dos dois gêneros de um binômio, mas existem também as pessoas intersexo e as pessoas trans. As linguagens ocidentais e imperiais tendem a operar a partir de uma divisão de gênero binária, que reduz o número de gêneros. Talvez existam muitos. E se você pensasse que a tecnologia é também um gênero? Cheguei a esta formulação através da Andrea Long Chu: nos escritos dela, é como se a tecnologia colocasse uma espécie de parênteses na maneira como o gênero pode ser pensado. Existe alguma maneira de conhecer seu gênero sem alguma forma de técnica? Há um argumento que sempre aparece quando conversamos sobre gênero e que, para mim, é uma bobagem sem sentido: "gênero é biologia, está no seu DNA". E aí, bom, como é que você conhece o seu DNA? A verdade é que a maior parte de nós não conhece. Presumo que meus cromossomos sejam XY, mas na verdade eu não sei com certeza, porque nunca fiz um teste.

Há uma pequena chance de que meus cromossomos sejam de alguma outra variante. Nem todos os humanos são XY ou XX, existem algumas outras variáveis. Como você pode conhecer seu gênero sem uma técnica? Você não o conhece diretamente em relação ao seu próprio corpo. Você não o conhece em relação a outro corpo. Existe sempre um elemento mediador no meio. Então, sim. Talvez você possa pensar [nesse elemento mediador] como um terceiro gênero, ou melhor, como um gênero extra em relação a qualquer que seja o número de gêneros humanos.

R.R. e W.E. — Estamos falando sobre o modo como a mídia e a tecnologia são ferramentas que estão dando forma e sendo formadas através de processos que acontecem no corpo. É bem interessante quando você diz que está mais interessada nos processos que acontecem no corpo do que na subjetividade entendida através de um ponto de vista psicológico. E essa próxima pergunta procura pensar de que maneira esses processos podem se relacionar com os dispositivos da classe vetorialista e da classe hacker. Porque, em parte, a relação entre essas classes se estrutura e se orienta através da relação entre a informação, a produção de subjetividade e o desejo. Em *O capital está morto* (Funilaria e sobinfluencia, 2022) você comenta como essa ideia [da relação entre informação e desejo] orienta tanto a construção de perfis pessoais quanto de marcas corporativas, em especial na exploração de dados pessoais a fim de criar perfis de pessoas. E, levando em conta a maneira como estamos pensando a relação entre tecnologia e mídia, parece interessante pensar nas mídias que estamos usando hoje não apenas como formas de exploração de dados, mas também de transmissão de informação, transmissão de dados. E atualmente tudo isso tem criado muitos problemas, não? Tudo isso está interferindo não apenas nas nossas relações interpessoais, mas também nas nossas relações de trabalho. Até agora a nossa conversa estava tomando um rumo inspirador, nos levando a pensar como a mídia e a tecnologia se encarnam no corpo e como podem ser usadas como ferramentas para encarnar de outras maneiras, mas talvez fosse interessante tentar olhar para esse outro aspecto da questão. Qual seria a maneira de abordar essa situação para que a gente não esteja constantemente

explorando nossos desejos, subjetividades, identidades, corpos, etc... para a produção de dados, plataformalização do trabalho, entre outras questões?

M. W. — O trabalho assalariado é de alguma forma um sistema totalizante do qual é muito difícil sair. Mas o tempo livre costumava ser uma possibilidade de saída. Uma das grandes exigências do movimento trabalhista era, pelo menos no meu mundo, uma jornada de oito horas por dia. Você precisava restringir a quantidade de tempo de trabalho para que houvesse tempo para o lazer, para o descanso e assim por diante. A partir daí, houve uma espécie de comodificação tardia da ideia de lazer, com a redução da jornada de trabalho. A resposta do capitalismo [à redução da jornada de trabalho] foi colonizar esse espaço e criar a indústria cultural. Houve uma espécie de mercantilização em escala industrial desse tempo que tinha sido liberado da jornada de trabalho assalariado.

Mas de alguma forma o tempo que gastávamos nessas atividades produzia valor apenas indiretamente. Era uma forma de recriar o valor do trabalhador, mas não era em si mesmo algo do qual se pudesse extrair valor para além do lucro que se conseguia a partir da exploração do trabalho criativo [daqueles que trabalhavam na indústria cultural]. Essa é a novidade [do estágio em que estamos]: extrair valor diretamente do que não está na esfera do trabalho, é esse o ponto de virada. Esse valor é extraído sob a forma de atenção, informação e trabalho não remunerado.

Surgiu aí uma nova zona [de extração de valor]. Não é como nos velhos tempos, quando a gente simplesmente ia ao cinema. E você podia sentar lá e assistir a um filme, no seu tempo livre. Você tinha que pagar pelo filme, isso fazia parte da indústria cultural. Agora você simplesmente anda com este telefone estúpido no bolso, gerando informações gratuitas para vinte, trinta empresas, a maioria das quais você nem conhece, e elas têm acesso aos dados que você está produzindo. É disso que se trata a mercantilização do não trabalho.

Então, sob essas condições, quais são as táticas que podemos empregar para criar diferentes qualidades de tempo, de situação, de relação, para além da exploração do não trabalho? Vamos conseguir nos manter fora disso apenas até certo ponto, mas há algo que me parece importante: precisamos ser capazes de criar situações que talvez não sejam necessariamente utópicas, já que todos os conflitos sociais que vivenciamos estarão lá, mas em que a extração de dados e a espetacularização são de alguma forma reduzidas ao mínimo. Essa é uma forma de dizer em poucas palavras por que eu gosto das *raves*. Eu saio para dançar por volta das quatro da manhã, e nas melhores festas é terminantemente proibido usar a câmera ou o celular na pista de dança.

Nas *raves*, estamos ainda dentro do campo da técnica. Vou dançar perto de um ótimo sistema de som, mas é como se de alguma forma pudéssemos fazer com que esse tempo se descolasse um pouco do tempo de que se extrai dados. Esse tempo pode ter uma qualidade diferente, em que a forma como nos movemos uns em relação aos outros é o que importa. Vamos nos conhecer de uma forma diferente através da experiência que nossos corpos compartilham na pista de dança. Vamos perceber quem não pertence ao nosso grupo, já que vamos precisar nos deslocar para o outro lado da pista por conta de um bando de caras incovenientes [risos]. Esse é só um exemplo. Onde podemos criar espaços que funcionem com regras diferentes? Eu não sei que dimensão essas situações são capazes de atingir. Francamente não estou otimista de que esse processo de mercantilização que opera através de extração da participação, da informação e da atenção possa ser reversível, mas a arte de criar espaços internos a essa mercantilização do não trabalho me parece ser algo chave nesse momento.

R.R. e W.E. — Na sua conta no X (antigo *Twitter*) você fala sobre as músicas que gosta, das pessoas que viu e dos clubes em que vai. Você costuma falar sobre artistas e coletivos como *Discwoman* e Juliana Huxtable. Você poderia falar um pouco mais sobre o livro que está escrevendo sobre as raves e sobre os elementos da dança e da música eletrônica?

M. W. — Durante a transição, perdi a capacidade de escrever coisas elaboradas, perdi a capacidade de escrever livros. Eu simplesmente não tinha nada. É como se eu não precisasse mais fazer isso. Antes da transição, eu estava tão maciçamente dissociada que acabava caindo em uma espécie de transe em que escrevia sem parar. E então, depois que eu saí do armário, fiquei totalmente sem escrever durante três anos. Só conseguia sair para dançar. Me pediram para contribuir com um livro e eu disse:

"bom, não tenho lido o suficiente para escrever um livro, mas posso escrever sobre o que estou vivendo, as *raves*". É a única coisa que estou fazendo agora, foi algo que surgiu a partir desse movimento de buscar uma voz e um estilo um pouco diferentes. Estilisticamente, *Raving* se aproxima de *Reverse Cowgirl* e da primeira metade do livro sobre Acker.

É uma tentativa de escrever partindo de uma experiência individual, minha experiência afirmativa de dissociação na pista de dança, e a partir daí descobrir diferentes possibilidades de sair do campo da subjetividade, e mover-se para além da extração constante de informação do não trabalho. A cena *queer* de *raves* em Nova Iorque é popular entre pessoas que fazem algum tipo de trabalho intelectual, como eu, e também entre pessoas que exercem algum tipo de trabalho social ou trabalho emocional. Muitos dos meus amigos trabalham à noite. A princípio não fazia nenhum sentido. É como se você trabalhasse em um clube por oito horas e depois fosse para outro clube. Como e por que fazer isso? Meu trabalho também é um trabalho emocional, às vezes. Não consigo ensinar apenas ideias. Eu ensino como as pessoas podem se tornar seus próprios professores, e isso é um trabalho emocional, também. Quando você faz um trabalho assim, às vezes tudo o que você precisa é sair para fora disso tudo. Alugar a própria subjetividade nos coloca sob pressão demais, e isso é algo exigido de muitos de nós, em muitos contextos de trabalho atualmente. Então sair para dançar é uma forma de ficar livre de tudo isso. As *raves* me interessam como um campo de trabalho físico coletivo e improdutivo que pode ser compartilhado tanto por trabalhadores intelectuais quanto por aqueles que exercem um trabalho emocional.

Também estou tentando criar um diagrama da comunidade [das *raves*], mapear as tensões e as dificuldades de circular nesses ambientes, e como essa cena abre espaços para pessoas trans, ainda que ali também a gente esteja em minoria. Não se trata do nosso universo trans. É apenas um lugar onde somos pessoas comuns, e isso é bastante raro. Um lugar onde a presença de pessoas trans não chama atenção. Em alguns espaços representamos 10% dos frequentadores, 5% em outros, e o fato de não sermos alvo de curiosidade de ninguém nos faz dizer: "obrigada". Espaços assim são muito difíceis de encontrar.

A Juliana aparece no livro. Acho que o texto começa e termina com shows da Juliana Huxtable. Em um desses relatos, ela divide o set com outro DJ que não quer mais tocar e então ela toca a noite inteira: é o último show que aparece no livro. Não estive lá durante todas as oito horas, não aguentei tanto tempo, mas ela aguentou. Ela é incrível. Eu peguei a segunda parte. Estou interessada em tipos sociais, então o livro *Raving* dialoga muito bem com *Um manifesto hacker* (Funilaria e sobinfluencia, 2022) e *Gamer Theory*. Como esses tipos sociais [*raver, gamer* e *hacker*] um tanto abstratos navegam as tecnologias e o processo de mercantilização do século XXI? Dá para dizer que o livro que estou escrevendo forma um trio com esses outros dois, de alguma forma.

R.R. e W.E. — Há um livro chamado *Make Some Space*, de Emma Warren, em que a autora se debruça sobre um espaço que existia em Londres. O livro aborda os edifícios que abrigam as festas, mas olha também para as pessoas que as frequentam. Na cena das raves aqui no Brasil, existe uma preocupação muito profunda com a infraestrutura e o trabalho que estão por trás dessa cena, com o trabalho emocional feito pelas pessoas que giram em torno dela. E geralmente o que você nota quando se aproxima dessas comunidades é que sua existência está nas mãos de poucas pessoas, certo? Existe um clube chamado *Bossa Nova Civic Club* [Nova Iorque] que agora está quase fechando as portas por conta de um incêndio. Quando você perde um espaço, ou quando uma pessoa decide não fazer mais parte da cena, o efeito cascata costuma ser grande. O livro que você está escrevendo vai analisar também a infraestrutura por trás das *raves*?

M. W. — Não de todo, mas existe uma passagem que se conecta com esse tema. A cena no Brooklyn gira especialmente ao redor de Bushwick e Ridgewood. São quase todos espaços para onde posso ir a pé, de onde a gente pode voltar para casa caminhando. São espaços industriais que costumavam ser muito desvalorizados. Acontece que, a partir do momento em que esses espaços começam a atrair pessoas, isso acaba contribuindo para um processo de gentrificação. E acabamos tendo que lidar com isso: participamos coletivamente de algo que será expropriado de nós, e vai fazer com que a gente tenha que se mudar para outro lugar. Há certas qualidades que tornam um espaço interessante, e não é fácil encontrar bons espaços no Brooklyn agora. Espaços que estejam no ponto ideal, no meio do caminho entre não estar em um lugar que seja longe demais e nem correr o risco de serem fechados pela polícia tão cedo. Esses espaços se tornaram bastante raros, um tanto difíceis de encontrar. Os bons mesmo costumam ser bem pequenos, com espaço para cem pessoas. Não estou me debruçando sobre grandes festas: mesmo quando falo de algumas que chegaram perto da legalidade, são festas cujo número de frequentadores não passa de algumas poucas centenas de pessoas. Na cena do *techno*, existe uma pequena rede de clubes legais que tiveram que fechar por conta do licenciamento. Como não estou falando sobre *techno*, estou olhando um pouco indiretamente para isso. Me concentro mais nos galpões: uma festa não é de fato uma *rave*, a menos que aconteça em um galpão, não? Ou talvez em outro espaço reformado, mas certamente não em um clube comum.

R.R. e W.E. — Aqui costumamos usar estacionamentos de carros [risos].

M.W. — Isso aconteceu bastante por aqui durante a covid. Escrevi sobre uma que aconteceu atrás do estacionamento da Ikea. Não sei se a Ikea existe no Brasil, mas é uma imensa loja de itens para casa com um estacionamento gigantesco, e atrás dele havia um espaço para *raves*. Esse foi fechado. Então a festa se mudou para uma rua sem saída em algum outro lugar. Outra vez acabou acontecendo em uma via férrea. Não dá para dançar entre linhas de trem. Você pode acabar quebrando o tornozelo! Lajes de prédios se tornaram uma tendência. Agora está muito frio, mas acho que na primavera veremos novamente as pessoas dançando nas lajes, ainda que essas festas sempre acabem sendo fechadas. No calor, talvez recomecem as *raves* de praia. Como é que você faz para dançar numa praia? [risos]. Seja como for, é uma maneira de descobrir espaços na cidade. Você segue as coordenadas de um mapa e de repente se dá conta que o lugar que procura fica dentro de uma floresta, e logo mais você estará como que tropeçando por aí [risos]. Eu amo esse tipo de coisa. O modo como você acaba descobrindo a geografia psíquica de uma cidade, deslizando por ela à procura de *raves*, experimentando a cidade como uma situação aberta para o prazer, para o não trabalho. Mas estou ficando velha demais para esse tipo de coisa. Fiz 70 anos no ano passado!

R.R. e W.E. — Sim. Normalmente essas comunidades pequenas dependem muito desse tipo de espaço e de um grupo diminuto de pessoas. Então, quando algo assim acontece, muita coisa se desestrutura.

M. W. — Houve um encontro sobre a cena noturna que chamamos de *town hall* em um clube chamado *Nowadays*, e que envolvia sobretudo pessoas negras e transexuais que trabalham à noite. E o que descobrimos é que todos os clubes eram propriedade de homens brancos heterossexuais, acredita? É como se fôssemos apenas locatários da nossa própria cultura. Digo isso como uma pessoa branca de classe média, mas tudo isso diz respeito sobretudo a pessoas negras e trans que não têm nada além da vida noturna. A vida noturna é o único caminho para casa, sabe?

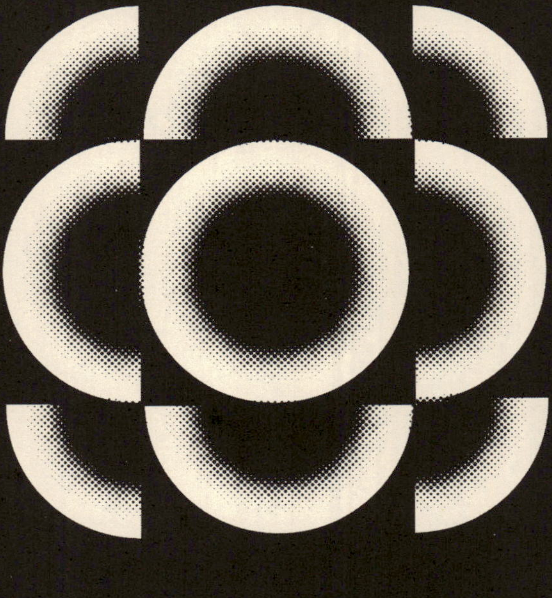

PARTE II: MOVIMENTOS LATERAIS — ESTRATÉGIAS RASTEJANTES

R.R. e W.E. — Agora, gostaríamos de analisar como algumas questões que estamos discutindo se entrelaçam com a economia. Nos tempos atuais, o sistema de economia de atenção que gira em torno de *Big Data* vem se tornando cada vez mais desestabilizador. Historicamente, sob o capitalismo de livre mercado, o que tínhamos era uma economia que tinha como base um sistema de preços, que pode ser descrito, em poucas palavras, como um sistema em que se atribui valor à oferta e à demanda. Levando em conta o momento em que vivemos, em que, ao mesmo tempo em que novas formas de subjetividade proliferam, a atenção se tornou monetizada, gostaríamos que você nos explicasse como vê essa passagem de uma economia baseada em um sistema de preços para uma economia da atenção.

M. W. — A habilidade de quantificar e monetizar a atenção é provavelmente a peça-chave desse processo, que parte do pressuposto de que a atenção é escassa. Você pode pensar nisso em termos econômicos: tomar a informação como ponto de partida se revelou problemático. A informação, quando você dispõe das técnicas para gerá-la, se comporta de maneira bastante estranha em termos de economia de mercado. A informação não é escassa. Mas a atenção é. Portanto, é nela que se deve manter o foco, quando se tenta criar uma espécie de simulação de um mercado capitalista. Do ponto de vista dessa lógica econômica, todas as formas de atenção são iguais. O que quer que você faça, se você for capaz de prender a atenção de alguém em alguma coisa e reter essa atenção, é considerado bom. Não se leva em conta se essa forma de atenção é ou não boa em qualquer outro sentido. Estou pensando no trabalho de Yves Citton, que me parece realmente útil. Yves ressalta que existem diferentes tipos de atenção. Idealmente, se deve manter um equilíbrio entre eles, para não corrermos o risco de retornar aos modos de atenção fascistas. Esse não é o termo que ele usa, mas [se trata de modos de atenção] em que a capacidade de traçar um limite parece ser o mais importante. A atenção fascista se organiza [em torno da ideia de que] existe alguém invadindo nosso espaço. Não importa quem sejam esses supostos invasores nesse caso: se se trata literalmente de estrangeiros, de aberrações de gênero ou de quem quer que seja. Os limites precisam ser colocados à força. É uma espécie de estado de alerta que procura constantemente localizar [esses limites e invasões].

Outro tipo de [atenção] é a atenção ao entorno. A atenção ao entorno, que muitas vezes é subestimada, permite que eu me desembarace de minhas noções de limites. Eu preciso me sentir segura para fazer isso, para simplesmente deixar de lado a ideia de que preciso ter limites. A partir daí emerge uma maneira completamente diferente de se fazer presente, em que eu não tenha mais certeza de quem sou eu ou de quem é o outro. Eu simplesmente me misturo com [o que me rodeia]. É impossível atingir esse estado se estivermos continuamente em um estado de atenção que gira em torno de pânico e de limites. Ou não vamos conseguir atingir um estado como esse, ou pode ser que optemos por padrões familiares que nos fazem sentir em casa quando estamos ansiosos diante da instabilidade de tudo. Nos prendemos a certas coisas porque elas nos são familiares, em todos os sentidos que podem ter [palavras como] "família" e "familiar". Nos afastamos daquilo que é estranho. Acontece que, quando não estamos em uma situação precária, ir de encontro a coisas que nos são estranhas é bonito — é aí que acontecem os processos de aprendizagem. Durante os processos de aprendizagem, nos aproximamos de pontos de vista a respeito dos quais não fazemos ideia, e que podem nos transformar em outras pessoas.

A mercantilização da atenção, que achata todas as formas de atenção e as torna iguais, leva em conta apenas o valor quantificável que os estados de atenção são capazes de gerar. Tudo isso acaba por nos arrastar para longe da possibilidade de perceber nosso ambiente de forma coletiva, que nos tornaria capazes de agir sobre esse ambiente, a partir de dentro. Me espanta o otimismo de Walter Benjamin, que acreditava que a reprodutibilidade técnica nos ofereceria ferramentas que nos ajudariam a perceber nosso mundo e agir de maneira coletiva sobre ele. Não foi bem assim que a coisa se desenrolou [risos]. Estamos cada vez mais longe [dessa ação coletiva]. Não conseguimos perceber os ambientes em que estamos porque não abrimos mão dos nossos limites. Não somos capazes de apreender a estranheza porque estamos assustados demais. É como se a humanidade de modo geral tivesse perdido a cabeça e perdido os sentidos. Não sei se existe uma expressão equivalente em português, mas perder os sentidos é algo bem ruim [risos]. Não é como se em algum outro momento tivéssemos percebido o mundo como realmente é. Os lacanianos têm razão ao dizer que a relação que estabelecemos com o mundo é sempre um tanto delirante e imaginária; acontece que podemos [estabelecer essa relação] de modo mais ou menos bem sucedido. Me parece que em algum momento perdemos a mão nesse processo.

R.R. e W.E. — Com o desenvolvimento da *Big Data*, estamos vendo emergirem muitas discussões em torno da questão do cálculo socialista: a ideia é que seria possível planejar a economia, mantendo um planejamento econômico centralizado através da *Big Data*. Qual é o seu olhar sobre a *Big Data*, e de que maneira você enxerga o debate econômico socialista que ressurge neste momento? Talvez você pudesse falar também sobre outros conceitos relacionados, tais como web3, economia descentralizada, *blockchain* e criptomoeda, e nos dizer se você acredita que qualquer um deles nos permite vislumbrar uma perspectiva progressiva à esquerda.

M. W. — É difícil imaginar que estas coisas possam vir a ser [ferramentas progressivas] sem a mobilização de forças sociais capazes de criar demandas nessa direção. Nos falta a capacidade de mobilizar potências de classe que poderiam fazer com que as coisas acontecessem, mas existe uma tendência a se acreditar que a tecnologia poderia mover as coisas por si mesma: só o que precisaríamos fazer é concebê-la corretamente. Isso não vai funcionar bem. Além disso, existe outra questão: que forças sociais você é capaz de alinhar? Seria preciso incluir os camponeses e os operários na maior parte do mundo, e também a classe que eu chamo de classe *hacker*, que inclui pessoas que projetam coisas [lidando com informação]. Será que essas pessoas dialogam com os movimentos sociais? Normalmente, não. Como se daria exatamente a criação e de um design democrático e a implementação de formas de computação? Prefiro não tomar posições muito definidas a respeito de tecnologias específicas. Vou ser apenas uma observadora neutra do *blockchain*. É uma invenção brilhante, ainda há muitas possibilidades em aberto quanto àquilo que se pode fazer com ela. Apesar disso, no momento, tudo parece estar se encaminhando em direção à especulação [financeira]. Então, sim, ótimo, que bom que esses caras apareceram, mas isso não quer dizer que [essa tecnologia] representa necessariamente algo libertador. Talvez possa significar outras coisas. Faz falta a capacidade de contestar aquilo que a classe dominante está fazendo. Ela cria novas tecnologias de acordo com suas próprias necessidades e organiza praticamente qualquer coisa em torno de relações superextrativistas. Há um achatamento da questão do valor: só é válido aquilo de que se pode extrair algo. É mais ou menos aí que nós estamos.

R.R. e W.E. — Quais são as assimetrias de informação, infraestrutura e mão de obra mais proeminentes hoje

em dia? Como essas formas de dominação podem ser transformadas em ferramentas de subversão? Estamos pensando aqui, por exemplo, em táticas como as greves de motoristas de aplicativos que vimos no Brasil. Existem também projetos de *blockchain* que atuam como cooperativas e que talvez possam ser ferramentas para subverter essas assimetrias recorrentes.

M. W. — Meu colega na *New School,* em Nova Iorque, Trebor Schultz, está tentando pensar sobre o que ele chama de cooperativismo de plataformas e tentando entrar em contato com o movimento de cooperativas no mundo todo. Em alguns lugares, as cooperativas podem ser instituições bastante massivas. Ainda assim, geralmente não se tornam dominantes. No mundo capitalista, as estruturas jurídicas e financeiras parecem não favorecer as formas de propriedade que se organizam sob cooperativas, o que não é nada surpreendente, e por isso é difícil fazer com que as cooperativas se tornem empreendimentos em larga escala. Mas, em alguns nichos particulares, elas parecem ter sempre funcionado bem e podem voltar a funcionar, incorporando novos tipos de infraestrutura. Me parece que existe uma vitalidade em torno das cooperativas que foram bem-sucedidas em diferentes partes do mundo. Elas se enxergam como parte de um movimento global que investiga de que maneira elas se veem impelidas a usar novas ferramentas, e como podem crescer e se desenvolver a partir daí.

Vamos tentar de tudo. Todas as estratégias do século XX fracassaram. Não vale a pena investir em argumentos facciosos sobre quem é comunista para valer ou não. Simplesmente não importa, todo mundo perdeu. O que a gente consegue resgatar das ruínas? As cooperativas ainda existem, então vamos continuar fazendo isso. A greve ainda funciona, então pode continuar sendo usada como ferramenta. Como você convence os trabalhadores digitais, os trabalhadores intelectuais e a classe *hacker* como um todo de que [seus interesses] têm paralelos com os da classe trabalhadora? Se trata de algo um pouco diferente em alguns aspectos, mas a capacidade de pensar para além da própria profissão, a partir de interesses de classe, assim como a habilidade de se retirar do jogo, podem ser realmente importantes. [Deveríamos] deixar de lado a ideia de que fazer um trabalho intelectual ou criativo é de alguma forma diferente do que fazer um trabalho técnico ou científico. Não, em todos esses casos o valor [do trabalho] é extraído praticamente da mesma maneira, usando praticamente as mesmas plataformas. Quais são então nossos interesses de classe, e com quem queremos nos alinhar? Todos os nossos trabalhos estão se tornando mais proletários, sujeitos às formas mais ridículas de vigilância e controle. As universidades estão sendo esvaziadas e se transformando em meras plataformas de software. Portanto, [fazer um trabalho intelectual ou criativo] não é tão divertido quanto costumava ser. Então, sim: pensar como uma classe, pensar em alianças de classes.

Como você intervém no desenvolvimento e na implementação de tecnologias para ampliar o alcance dos movimentos sociais? Uma frente ampla antifascista é claramente uma coisa de que vamos precisar, um pouco como nos anos 1930, mas com algumas peculiaridades novas. E se a gente pensasse que o fascismo talvez seja o dispositivo político padrão, e que algumas vezes aparecem exceções a ele? Talvez pensar nesses termos faça ainda mais sentido fora da Europa: talvez os movimentos sociais sejam capazes de empurrar os sistemas fascistas para fora por alguns períodos de tempo, mas tudo indica que isso é algo muito difícil de sustentar. Acaba sendo algo frágil, precisamente porque [essas alternativas ao fascismo] costumam ser construídas tendo como base a exploração da economia mercantilizada. Sinto muito. Não estou otimista, para ser honesta, mas essas são as pautas que me parecem fundamentais ou ao menos parte delas.

R.R. e W.E. — Agora vamos pensar no papel da arte e da cultura em relação a tudo isso. Você geralmente coloca em primeiro plano movimentos artísticos de vanguarda, discutindo como esses movimentos têm pensado sobre e através da mídia. É como se esses movimentos de alguma forma espelhassem a economia política, os sistemas mídiaticos e os recursos materiais de que esses sistemas precisam fazer uso para funcionar, trazendo à tona as técnicas invisíveis que costumam mediar nossa experiência social. Hoje em dia, quais são os movimentos culturais e/ou artísticos mais interessantes que estão incorporando essa estratégia?

M. W. — "Vanguarda" talvez seja um termo problemático para o século XXI, já que se trata de um termo militar que significa avanço da unidade principal do exército. Tornou-se uma forma de tentar escapar de qualquer organização social, política ou cultural dominante, antecipando-se a algo que, depois, poderia ser recuperado. Tudo isso agora está incorporado [ao sistema]. Me parece que a classe vetorialista adora a vanguarda, já que ela de alguma forma atua como uma espécie de teste de mercado espontâneo, apontando para coisas que depois podem vir a ser assimiladas. Talvez a gente precise de um movimento lateral que nos permita pensar como a gente faz para se arrastar para fora, pelas bordas. As vanguardas empregavam estratégias para chamar a atenção que eram sobretudo estratégias midiáticas. Todas as vanguardas são, na verdade, vanguardas de mídia, não de arte. A partir do momento em que a gente começa a se questionar se a visibilidade é afinal de contas algo tão interessante assim, emerge uma estratégia diferente.

As coisas mais interessantes que têm acontecido agora tendem a ser um tanto discretas, pouca gente sabe sobre elas. Foi um desafio escrever um livro sobre a cultura trans das *raves* na cidade de Nova Iorque. Eu não quero chamar a atenção para essa cena. Por isso optei por não citar nomes de pessoas ou de espaços. Cito nomes de DJs, mas não menciono nomes de nenhuma das festas nem de seus organizadores. Não cito o nome de nenhum dos espaços, embora alguns deles sejam bem conhecidos. [É como se eu dissesse:] Aqui está [essa cena], mas não quero dar a vocês um acesso rápido demais a ela. Há uma famosa festa em Nova Iorque chamada *Unter* que segue acontecendo, é uma das minhas favoritas, mas fizeram um *tik tok* da pista de dança que já tem mais de 300 mil *views*, sabe, e eu só consigo pensar, "que ótimo...".

Eu adoro que as pessoas possam ter possibilidades para encontrar coisas como essas, mas não se costumava dar esse grau de atenção a *raves* de temática *queer* antes. Existe espaço para explorar práticas coletivas de improvisação a partir de diferentes técnicas corporais, formas de relação, formas de sensibilidade, mas talvez, mais do que estar na vanguarda, estejamos buscando nos arrastar para as laterais e encontrar nossos pequenos cantos separados em algum lugar. Foi isso que fez com que eu me interessasse pela cena das *raves*. Não é como se se tratasse de uma coisa nova, [a cena] já tem 30 anos de idade. Eu estava fazendo isso nos anos 1990, a única diferença é que de lá para cá a tecnologia se tornou um tanto melhor. Também estou interessada nas vanguardas de gênero. Há técnicas baratas e fáceis para modificar o corpo que reverberam na [percepção] de gênero, mas existe algo que me parece como uma enorme falha geológica: todos estão modificando seus corpos o tempo todo, mas não é como se não se pudesse tocar no gênero. A não ser na direção de mais do mesmo.

Há todo um pânico em torno do fato de homens trans terem acesso à testosterona. Mas ninguém parece estar em pânico a respeito do fato dos homens cis terem acesso à testosterona, o que acontece em qualquer academia em que você entre, basicamente [risos]. Eles ficam lá usando aquelas máquinas, eles tomam cinco bombas e eu digo "bom, você não está fazendo isso [transformando o teu corpo] apenas com a sua ação mecânica, querido" [risos], mas ninguém parece se assustar por conta disso, não? Eu preciso de uma carta de um psiquiatra se quiser aumentar os seios, mas as mulheres cis podem simplesmente ir lá, pedir e conseguir. Este é o território de Paul B. Preciado: o que significa pensar em movimentos sociais, estéticos e culturais em que o gênero está em jogo e, mais do que isso, a diferença sexual tal como se inscreve no corpo também? Vamos falar do modo como essas práticas são extremamente hackeáveis e divertidas, estão cada vez mais difundidas e indo além do escopo da medicalização.

R.R. e W.E. — Parece haver algo importante quando você fala da necessidade de encontrar práticas coletivas e trocas que se deem de modo mais móvel, se desdobrando em experiências menos frontais e mais laterais, ainda que não exatamente invisíveis.

M. W. — Sim. Édouard Glissant trabalhou sobre o conceito de opacidade no mundo francófono e anglófono, relacionando-o especificamente à experiência da negritude, e esse talvez seja um conceito relacionado [às coisas de que estamos falando]. Dá para dizer que a visibilidade costuma ser, em geral, algo ruim para a maioria das pessoas trans. Ela pode ser ótima para pessoas trans relativamente privilegiadas de classe média, mas pode ser muito ruim para aqueles que já são marginalizados, porque então as pessoas sabem quem procurar e quem atacar, sabe? A gente deveria ter muito mais cuidado com a posição que ocupa. Precisamos estar visíveis o suficiente para que as pessoas saibam que a gente existe, mas não tão visíveis a ponto de nos tornar algo atraente para ser comercializado ou para que nos transformem em ícone que representam tudo aquilo que existe de errado com a civilização ou coisa parecida. Quanto menos os fascistas souberem sobre o que realmente fazemos, melhor.

R.R. e W.E. — Na primeira parte da entrevista, você estava falando sobre as suas experiências de dissociação e de como se tornou difícil escrever durante o processo de transição. É interessante pensar que esses momentos em que precisamos pausar, em que não conseguimos ser tão produtivos, podem ser entendidos de forma coletiva. O quão significativos podem ser esses momentos de hiato e o que fazer a partir deles? Como essa experiência pode ser compartilhada com os outros?

M. W. — Eu acho que essa é uma experiência comum. Tanto no caso da transição social quanto da transição médica, no caso daquele/a/s que decidem tomar hormônios ou coisas assim, você acaba tendo que lidar com dois tipos diferentes de pressão: para encarnar em seu corpo e para se tornar um sujeito. Você está se apresentando como outra pessoa no mundo, e esse processo vai levar algum tempo, particularmente no caso das pessoas que passam por transições hormonais — e isso provavelmente é algo compartilhado pelas mulheres cis que passam pela menopausa. Todos nós passamos pela puberdade, e vocês talvez se lembrem, provavelmente muita coisa aconteceu durante uns poucos anos. Qualquer mudança substancial na forma como os hormônios do seu corpo estão regulados vai ser perturbadora. Durante cerca de três anos eu não conseguia escrever, escrevi artigos, mas não conseguia fazer um projeto de livro, em parte porque eu não sentia essa necessidade. Esse costumava ser o meu tipo de espaço. Me dei conta de que [antes da transição] eu estava escrevendo porque estava disfórica. Eu sou uma daquelas pessoas que precisa estar sempre trabalhando. Criei toda uma rede da qual eu pudesse fazer parte. Entrei em contato com todos os artistas trans interessantes que pude encontrar em Nova Iorque, saímos para almoçar e conversamos sobre seus trabalhos e outras coisas. Não pude manter o mesmo nível de conexão por muito tempo, e depois, é claro, houve a covid.

Sinto que meus interesses também mudaram de direção durante esse processo. Voltei às *raves* por conta da pessoa que escolhi como minha mãe trans, ela era uma *raver*, sabe? Foi assim que acabei voltando a esses espaços. De alguma maneira a própria transição pode se tornar uma espécie de prática estética. Com isso não quero sugerir que essa seja uma linguagem para todos, mas você não precisa pensar [na transição] em termos médicos ou psiquiátricos, isso é muito importante. Existem muitas linguagens que você pode usar para pensar essas práticas, e nem todas elas precisam ser estéticas. Mas existe uma estética envolvida no processo de se tornar outra pessoa, uma outra pessoa que escreve um tipo diferente de livro. Meus últimos três [livros] são substancialmente diferentes uns dos outros, e, para mim, ao menos, de maneiras interessantes. Eu obviamente perdi alguns leitores, alguns deles desapareceram, mas também tenho leitores novos e isso também é interessante. Estava participando de uma leitura algumas noites atrás e alguém que tinha arrancado a capa de *Reverse Cowgirl* e queimado as bordas me pediu para assinar essa página chamuscada do meu livro. E eu perguntei: "você vai me enfeitiçar com isso? Ou é para um altar?". Foi um tanto estranho, mas tudo bem [risos]. Foi divertido, é um tipo de leitor/a diferente dos marxistas barbudos que queriam ter discussões sobre Althusser. Não que houvesse algo de errado com isso, mas estou me divertindo mais agora.

R.R. e W.E. — O que você estava dizendo faz pensar sobre a noção de tempo. Existem momentos em que já não somos capazes de ler as coisas do mesmo modo, seguir agindo da mesma forma. Algo na relação com o tempo se torna diferente, e precisamos adentrar um novo tempo, aceitá-lo. Isso é muito desafiador. É como se estivéssemos lidando com muitas temporalidades simultâneas e precisássemos estar atentos a todas elas.

M. W. — Sim. Existe uma temporalidade trans: existe o tempo que se passou desde que você nasceu, e, depois, também o tempo que se passou desde que você fez a transição. Eu fiz a minha transição bastante tarde, então a maior parte das pessoas que conheço, e que transicionaram ao mesmo tempo que eu, é de *millenials*. Então a linguagem que eu uso [para falar da transição] é a mesma de pessoas de uns 30 e poucos anos, e que acham que transicionaram tarde, sabe? E então eu digo: "querides, por favor!" [risos]. [A temporalidade trans] te coloca em sintonia com uma geração diferente, o que é uma experiência superinteressante de se ter. Algumas pessoas pensam que a transição tem um fim, e que elas se tornam outras pessoas. Outras pessoas acham que [a transição] nunca termina. Existem maneiras diferentes de se pensar sobre isso. Por vezes esse tempo corre de forma muito gradual, muito difícil de perceber. [Em outros momentos] pode haver mudanças repentinas de perspectiva. É toda uma fenomenologia de experiências que são em parte compartilhadas por algumas outras comunidades. Descobri que podia ser superinteressante conversar com mulheres que passavam pela menopausa, porque elas também têm mudanças hormonais repentinas e às vezes tomam o mesmo remédio que eu para isso. Existem experiências específicas que o nosso corpo atravessa, e deveríamos ter permissão para falar sobre isso. Existe todo um capítulo do feminismo que se baseia na capacidade de dar à luz, e isso é importante. Respeito isso, mas há outras experiências corporais sobre as quais poderíamos falar, e que trazem à tona conhecimentos que dizem respeito a vivências diferentes.

R.R. e W.E. — Você também menciona, em O *capital está morto* (Funilaria e sobinfluencia, 2022), que a classe vetorialista é avessa à inovação, por ser avessa ao risco. Apesar disso, a inovação segue sendo estimulada, não apenas como prática, mas também como discurso. O que acontece com o risco? Ele é transferido para outro grupo? Ele é redirecionado para a classe hacker? Como esse risco se desenvolve financeira e socialmente ao longo do tempo?

M.W. — As pessoas que estão correndo mais risco são aquelas que vivem em comunidades agrárias em partes cronicamente subdesenvolvidas do mundo, e se trata sobretudo de um risco climático. Será que vamos deixar populações inteiras tentarem se salvar sozinhas? Isso já está acontecendo. Algumas partes do mundo já estão se tornando inabitáveis neste momento. E são as pessoas empobrecidas que estão sendo atingidas de modo sistemático. Há partes da América Central, por exemplo, em que os níveis de umidade e de temperatura já estão à beira do humanamente suportável, e à medida em que [esses índices] são empurrados para o ponto de ruptura, surge um grande fluxo de migrantes rumo aos Estados Unidos, por exemplo. Esse fenômeno é em parte impulsionado pelo clima. Esse é o principal risco [que estamos enfrentando] e não há nenhuma maneira de contorná-lo, já está em curso.

Em geral, as classes dominantes são avessas ao risco. O risco deve ser evitado e, sempre que possível, transferido para o Estado. Essa é a razão pela qual os Estados costumavam ser, e ainda são, em grande parte, responsáveis pela ciência básica, já que [a ciência] é um empreendimento muito arriscado. Você não sabe se algum [dos experimentos científicos] vai render algo que seja comercialmente viável. A classe que eu chamo de vetorialista não quer correr muitos riscos. Ela quer ter a possibilidade de tomar parte rapidamente em qualquer coisa que seja patenteável e que potencialmente possa gerar valor, mas para que isso aconteça o Estado precisa assumir muitos riscos. A classe hacker precisa também assumir muitos riscos, criando *startups* que muitas vezes vão acabar fracassando. Se você tiver algo de valor, provavelmente terá que vendê-lo a alguma empresa maior em algum momento. De alguma forma, o que a cultura das *startups* faz é terceirizar os riscos. Ela permite que as pessoas aguentem muita coisa por conta própria e, logo em seguida, o que o capital de risco faz é apenas semear dezenas de pequenas coisas com base em uma simples teoria moderna de portfólio [em que se diversifica os investimentos para maximizar o retorno]. Você faz uma série de apostas diferentes e, dependendo das oscilações e reviravoltas, perdas e ganhos, vai acabar valendo a pena no final. É mais ou menos assim que funciona, é assim que os derivativos funcionam. A ideia é basicamente fazer apostas paralelas em todos os resultados futuros possíveis que você é capaz de projetar.

Me parece que o risco costuma ser empurrado de volta para as comunidades urbanas. São sempre as populações mais marginais que acabam arcando com as consequências dos riscos da especulação imobiliária. É algo assim: "nos demos conta de que o lugar onde você mora pode ser bastante atraente para pessoas com renda mais alta, então decidimos te expulsar. Boa sorte enquanto você vaga pela cidade, procurando outro lar".

"Inovação" agora parece significar, antes de mais nada, redução de custos e desregulamentação. Todas as coisas que agora são promovidas como novas são variações de coisas que já existiam. O desenvolvimento tecnológico chave parece ter acontecido durante a Segunda Guerra Mundial e a Guerra Fria, num momento em que a pesquisa técnica e científica era socializada, e nós apenas nos alimentamos [dessas pesquisas] até hoje. [A nossa] parece uma época sem muita inovação, ou que é capaz de desenvolver variações retrô verdadeiramente insanas. Um exemplo: continuamos dirigindo carros, porque ninguém teve uma ideia melhor que pudesse ser privatizada, mas estamos tentando fazer com que possam ser dirigidos de modo automático, o que acaba sendo complicadíssimo, ao invés de projetarmos um sistema de transporte que funcione, e que logicamente teria que ser socializado. Uma enorme quantidade de dinheiro foi usada para criar esse modelo de veículo privado, que acabou por destruir cidades de uma maneira completamente insustentável. Uma das maiores forças de trabalho nos Estados Unidos é a dos motoristas de caminhão. É como se a classe dominante pensasse: "olha só, vejam todos esses trabalhadores: vamos elevar o valor desses trabalhadores e os caminhões vão passar a se dirigir sozinhos". Você consegue imaginar semirreboques acionados por máquinas? [risos] Por favor, já vimos o suficiente disso.

R.R. e W.E. — A última pergunta que temos é ampla. Enquanto artistas, trabalhadores, teóricos e *hackers*, como podemos estranhar ou *escuirecer* nossa economia?

M. W. — Ah, sim, boa essa maneira de formular a questão. De algum modo a gente precisa reconhecer que está trabalhando em uma totalidade econômica na qual a gente não tem muita autonomia, e, ao mesmo tempo, não olhar para isso de um modo moralista demais, já que todos nós acabamos tendo que vender nossa mão de obra em algum momento. Sejamos honestos, sem juízo de valor sobre isso. Mas vamos combinar uma coisa: não vamos trabalhar para fascistas ou para militares, certo? Acho que é preciso pensar no que vêm a ser práticas coletivas, e como esse tipo de prática pode se ampliar e se sustentar através do tempo. Há histórias de práticas colaborativas e coletivas bem interessantes, mas a formação que recebemos tende a não se debruçar muito sobre elas. Somos apresentados a indivíduos e movimentos, mas esses movimentos são apenas nomes dados a estilos estéticos. Mas há também o Fluxus, este organismo coletivo que durou décadas e existe até hoje, ainda existe um espaço deles em Nova Iorque. [O Fluxus] pensou de maneiras interessantes sobre a intercomunicação entre artistas e sobre a relação entre mídias, e depois em parte se retirou de cena. É claro que tudo [o que o Fluxus produziu] se tornou valioso no final, mas essa é a grande ironia: se você for mesmo bem-sucedido [nos seus experimentos], mais para frente isso vai gerar valor de troca absurdo, no fim das contas as pessoas vão querer colecionar, organizar curadorias e escrever livros a respeito. É uma espécie de oferta diabólica.

Vamos criar nossos próprios espaços para nossas práticas. Melhor não falar para muita gente sobre o que estamos fazendo, ainda que vez ou outra criar algo como um manifesto ou um bom meme pode não ser uma tática ruim: é uma maneira de soltar umas mensagenzinhas por aí. Como você fez para encontrar o caminho para os lugares onde você precisava estar? Basicamente, você encontrou um meme em algum lugar. E isso mesmo antes, em regimes de mídia mais antigos. Você via uma foto em uma revista e pensava: "Quem são essas pessoas? Onde as encontro? Vou procurar". Enviar mensagens um pouco encriptadas não é uma má jogada, mas, ainda assim, provavelmente é uma boa ideia a gente se manter mais longe dos holofotes do que a gente estava acostumada.

Andei pensando em algo que estou chamando de *femunismo*, que não é nem feminista nem comunista. É algo que não se opõe a qualquer uma dessas duas coisas, mas também não corresponde a nenhuma delas. Como você construiria uma base para algo assim, que fosse centrado em pessoas trans e não brancas? Não sei se dá para fazer construções [de palavras] como essas em português, como se faz em espanhol. Gosto de criar substantivos abstratos com raízes latinas porque eles funcionam em quase todas as línguas europeias. *Um Manifesto Hacker (*Funilaria e sobinfluencia, 2023) é escrito nesta língua imaginária criada a partir de porções iguais de inglês corporativo, latim católico e marxismo, porque essas são todas línguas paneuropeias que você pode falar. Portanto, como criar um ponto de encontro entre essas perspectivas? E ainda: como pensar em uma estética *femme,* mais do que numa estética feminista? E isso não é algo utópico, *as femmes* têm rivalidades, podem dar rasteiras... Não deixam de existir afetos difíceis, mas há mais atenção às superfícies, às conexões e espaços que efetivamente acontecem. Há um certo tipo de agressão que deixa de predominar. Como a gente pode criar interações que girem mais em torno de valores *femme*? Esse me parece um projeto interessante.

R.R. e W.E. — E quanto à parte comunista do *femunismo*?

M. W. — A ideia é: que parte de nossas interações podemos colocar para fora da propriedade privada? É algo que só pode acontecer em parte, mas provavelmente temos que fazer as pazes com essa limitação. Você pode sustentar o comunismo para uma centena de pessoas por cerca de oito horas, e isso em uma boa *rave*; mas não dá para ir muito além, e ainda assim vão existir problemas. Ainda vai haver assédio sexual, alguém vai ter overdose, ainda vai haver coisas ruins acontecendo, não é uma utopia. Mas talvez seja melhor que essas coisas ruins aconteçam nesse lugar, do que em alguns outros. Se for um espaço bem administrado, ninguém vai chamar a polícia, [a própria comunidade] lida com os problemas. Ainda vão existir problemas, a diferença é que ali podem existir outras maneiras de lidar com eles. Talvez a gente pudesse desenvolver uma linguagem diferente para falar disso tudo. Isso nos leva de volta a uma pergunta anterior: como seria uma linguagem que nos ajudasse a pensar sobre o que queremos, mas que dissesse respeito menos aos desejos e mais aos impulsos? Talvez haja uma espécie de aura sagrada ligada à ideia de desejo, mas talvez não haja nada de errado com os impulsos. E talvez valha a pena prestar atenção no modo como administramos colaborativamente a tensão entre as unidades das células de mamíferos: pode ser que as práticas coletivas operem de forma parecida.

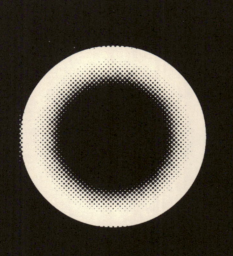

McKenzie Wark (New Castle, 1961) é professora de Mídia e Estudos Culturais na New School for Social Research e Eugene Lang College, em Nova York. Seus escritos e projetos políticos se voltam para a análise do neoliberalismo tecnológico, além de escrever sobre os diversos movimentos situacionistas, mídia-tática e movimentos antiglobalização. No Brasil, tem os livros *O capital está morto* e *Um manifesto hacker*, publicados em co-edição pela Editora Funilaria e sobinfluencia

Dados Internacionais de Catalogação na Publicação (CIP) de acordo com ISBD

N754m
Nóbrega, Tom
McKenzie Wark – Uma conversa sobre tecnologia como gênero e outras
fenomenologias encarnadas / Tom Nóbrega, Luiza Crosman, Nicolás Llano.
- São Paulo : sobinfluencia edições, 2024.
34 p. : 11cm x 19cm.

Inclui bibliografia.
ISBN: 978-65-84744-43-1 / 978-65-84735-33-0

1. Filosofia. 2. Política. 3. Ciências sociais.
4. Tecnologia. I. Crosman,
Luiza. II. Llano, Nicolás. III. Título.

2024-2015	CDD 100
CDU 1	

Elaborado por Odilio Hilario Moreira Junior - CRB-8/9949

Índice para catálogo sistemático:
1. Filosofia 100
2. Filosofia 1

© sobinfluencia para a presente edição
© Editora Funilaria
© Revista Rosa

COORDENAÇÃO EDITORIAL – sobinfluencia
Fabiana Vieira Gibim, Rodrigo Corrêa e Alex Peguinelli

COORDENAÇÃO EDITORIAL – Editora Funilaria
Caio Valiengo, Marilia Jahnel e Renata Del Vecchio

COORDENAÇÃO EDITORIAL – Revista Rosa
Justin Greene, Marcela Vieira, Nicolas Llano
e Wallace Masuko

TRADUÇÃO
Tom Nóbrega

PREPARAÇÃO
Alex Peguinelli e Fabiana Vieira Gibim

REVISÃO
Gercyane Oliveira

PROJETO GRÁFICO
Rodrigo Corrêa

sobinfluencia.com
editorafunilaria.com.br
revistarosa.com

Este livro é composto pelas fontes minion pro e neue haas grotesk display pro e foi impresso pela Graphium no papel lux cream 70g, com uma tiragem de 300 exemplares